Le JARDIN DES PLANTES

LION, TIGRE, LOUP, OURS BLANC, ORANG-OUTANG, BUFFLE.

PARIS.

LIBRAIRIE HACHETTE & Cᴵᴱ· BOULEVARD SAINT GERMAIN, Nᵒ· 79.

LE JARDIN
DES PLANTES

PREMIÈRE SÉRIE

LE LION — LE TIGRE — LE LOUP — L'OURS BLANC — L'ORANG-OUTANG
LE BISON OU BUFFLE D'AMÉRIQUE

PAR

TH. LALLY

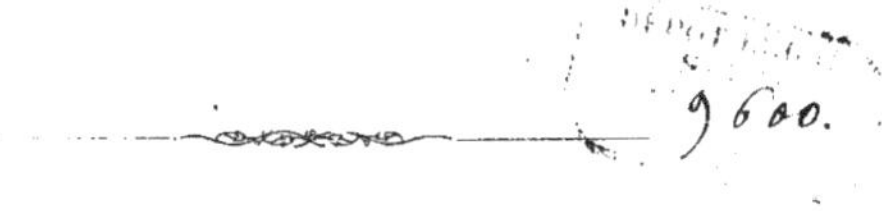

PARIS
LIBRAIRIE HACHETTE ET CIE
79, BOULEVARD SAINT-GERMAIN, 79
1875

LE LION

Le lion est le roi des animaux. Tout en lui respire la force et la majesté. Une épaisse crinière entoure sa face large et presque humaine. Ses pattes énormes sont armées de griffes puissantes qui lui permettent d'abattre et de déchirer d'un seul coup le plus fort animal. Sa démarche est lente, pleine de noblesse, mais dans sa fureur il fait des bonds prodigieux, et le meilleur cavalier ne pourrait échapper à sa poursuite.

Cependant il n'est point cruel et ne tue jamais par plaisir.

Couché pendant le jour au milieu des broussailles, il ne se met en chasse qu'à la tombée de la nuit. A la faveur de l'obscurité, il approche furtivement des troupeaux; puis, bondissant soudain au milieu des malheureuses bêtes épouvantées, il choisit sa victime, et l'emporte dans son repaire. La puissance de ses mâchoires est telle, qu'il enlève ainsi un bœuf et le traîne après lui pendant plusieurs lieues.

En Algérie, où ils sont très-nombreux, les lions sont la terreur et la désolation des Arabes, auxquels ils ravissent tous les

jours quelques-uns des bestiaux qui constituent la seule fortune de ces peuples nomades.

Aussi nos officiers et nos soldats, pour venir en aide à ces pauvres gens, ne craignent-ils pas d'affronter ces terribles animaux devant qui tout tremble. Ils les pourchassent jusque dans leurs repaires et ils ont déjà réussi à éloigner ce fléau des plus riches parties de notre belle colonie.

Le lion, du reste, n'attaque que rarement l'homme; ce n'est que lorsqu'il est blessé ou poussé par la faim qu'il surmonte la crainte qu'inspire à tous les animaux le roi de la création.

On peut même l'habituer à la présence de l'homme et l'apprivoiser dans une certaine mesure. Le roi d'Abyssinie, Théodoros, avait ainsi deux lions apprivoisés qui ne le quittaient jamais et se couchaient au pied de son trône lorsqu'il recevait les ambassadeurs. J'avoue que je n'aurais pas été flatté de présenter une pétition à un monarque escorté de pareils gardiens.

Le rugissement du lion a été comparé au roulement du tonnerre dans le lointain. Lorsqu'il est calme et paisible, son cri n'est qu'une toux rauque; mais dans sa fureur il pousse des sons caverneux et prolongés qui en se répercutant de rocher en rocher rappellent au voyageur épouvanté le grondement de la foudre.

LE TIGRE

Comme force et comme taille, le tigre est le rival du lion, mais il n'a rien de sa noblesse. Chez lui tout semble personnifier la lâcheté jointe à la plus insatiable cruauté.

Sa tête, semblable à celle du chat, est éclairée par des yeux clignotants, jaunes, et qui paraissent plutôt faits pour les ténèbres de la nuit que pour la clarté du soleil. Son corps, souple, musculeux, magnifiquement recouvert d'une robe dorée sur laquelle se détachent de grandes rayures noires, attire l'admiration, mais sa démarche oblique, rampante, lui enlève toute dignité.

Le tigre est le plus cruel des animaux. C'est aussi la nuit qu'il fond à l'improviste sur les troupeaux; mais au lieu de se contenter comme le lion d'une seule victime, il égorge tout ce qui l'entoure, et tue pour le plaisir de faire couler le sang.

Malgré sa force, la seule vue de l'homme le fait fuir, et sa lâcheté est telle, que lorsqu'un animal lui résiste, il cesse immédiatement la lutte et se sauve en rampant sous les fourrés.

Le tigre ne se trouve qu'en Asie, et surtout dans l'Inde, où il habite les vastes étendues de broussailles et de roseaux qu'on appelle des *jungles*.

Les habitants de l'Inde ont de grands troupeaux de bœufs et
de buffles dont ils confient la garde à leurs enfants. Ces jeunes
bergers, connaissant la lâcheté du tigre, ne craignent pas, lorsqu'ils voient apparaître une de ces bêtes féroces, de courir au-de-
vant d'elle et par leurs gestes et leurs cris ils réussissent le plus
souvent à la faire fuir.

Cependant le tigre peut devenir un adversaire terrible lorsqu'il
est blessé ou lorsqu'il voit toute fuite impossible. Aussi peu de
chasseurs osent-ils l'affronter à pied. Le plus souvent ils le pour-
suivent montés sur des éléphants, ou bien ils établissent un affût
dans un arbre à une hauteur suffisante pour que le tigre, qui ne
sait pas grimper, ne puisse les atteindre par un de ses bonds
effrayants. Pour amener le tigre au pied de l'arbre, on attache
près de là un jeune chevreau dont les cris plaintifs attirent de loin
la bête féroce. Dès qu'elle apparaît, les chasseurs placés dans l'arbre
la tuent aisément à coups de fusil.

On chasse le tigre non-seulement pour exterminer une aussi
méchante bête qui fait de grands dégâts parmi les troupeaux,
mais encore pour avoir sa peau, qui fournit, une fois préparée, de
magnifiques tapis.

Le tigre ne s'apprivoise jamais. Même lorsqu'il est pris tout
jeune, il devient bien vite, malgré les soins et les caresses, aussi
féroce que ses pareils vivant dans les forêts.

LE LOUP

Le loup est le seul animal féroce qui habite les forêts de notre pays.

Comme taille et comme forme, il ressemble à un gros chien de berger; seulement son pelage est d'un brun fauve que l'on ne voit que rarement chez les chiens, et en outre sa face a une expression de férocité qui le distingue bien de ces bons animaux.

Le loup est la terreur des bergers, auxquels il réussit trop souvent à enlever des agneaux aussi bien que des brebis. Heureusement que, comme tous les animaux féroces, il est lâche et qu'il s'enfuit dès qu'il se voit découvert.

Aussi n'ose-t-il pas s'attaquer à l'homme, qu'il sait fort et capable de lui résister; mais il essaye de s'emparer des enfants isolés. Cependant, avec un peu de courage, ces faibles adversaires réussissent eux-mêmes à lui résister.

Un jour deux jeunes enfants, le frère et la sœur, traversant la forêt de Compiègne, furent attaqués par un gros loup, qui se jeta tout d'abord sur la petite fille; mais le frère, un garçon de huit ans, s'armant courageusement d'un bâton, en donna un coup si violent sur le museau de la vilaine bête, qu'elle lâcha la pauvre petite et se sauva à toutes jambes en hurlant.

Ce n'est, du reste, que pendant l'hiver que les loups se montrent dans nos forêts, et encore isolément; mais en Russie ils sont en toutes saisons nombreux et féroces. Ils se réunissent alors en troupes et se précipitent sur les voyageurs.

Ceux-ci n'ont d'autre espoir de salut que dans la vitesse de leurs chevaux, et encore les loups courent si vite et si longtemps, que souvent ils parviennent à fatiguer les chevaux eux-mêmes, qui finissent par tomber et deviennent, ainsi que les pauvres voyageurs, la proie de la bande acharnée à leur poursuite.

L'OURS BLANC

L'ours blanc ne se rencontre que dans les régions polaires, tout au nord de notre globe, régions où le sol et même la mer sont couverts d'un bout de l'année à l'autre de neige et de glace, et où un jour de six mois est suivi d'une nuit de six mois.

Pour lui permettre de supporter les rigueurs de ce pays affreux, le Créateur a donné à l'ours blanc une fourrure longue, épaisse et blanche comme la neige au milieu de laquelle il vit.

Malgré sa blancheur, c'est en somme un vilain animal. Son

allure est disgracieuse, et lorsqu'il marche, sa grosse tête, placée
au bout d'un long cou, se balance d'une façon ridicule.

Cependant, il court si vite sur la glace et sur la neige, qu'il
attrape facilement les rennes et les bœufs musqués qui errent
dans ces solitudes.

Il nage aussi bien qu'il court et poursuit jusque dans l'eau
les phoques et les veaux marins qui habitent en grand nombre
ces mers.

Pour chasser ces animaux, l'ours blanc fait preuve d'un instinct
que l'on ne s'attendrait pas à trouver dans une si vilaine bête.

Les phoques, qui sont des animaux amphibies, quoique vivant
dans l'eau, ne peuvent pas y rester toujours comme les poissons;
ils sont obligés de venir de temps à autre respirer à la surface
de l'eau. Comme la mer est couverte presque continuellement
dans ces pays d'une couche de glace, les phoques profitent des
trous et des crevasses pour venir aspirer l'air. L'ours blanc, auquel ce fait est connu, creuse donc un trou dans la glace et il se
tapit sur le bord; bientôt voyant ce trou, un phoque remonte à
la surface, sort sa tête et est saisi aussitôt par les terribles
griffes de l'ours, qui le tire hors de l'eau et le dévore.

Lorsqu'un ours blanc ne trouve plus rien à manger dans un
pays, il s'embarque pour se rendre dans un autre. Comment?
me direz-vous; sait-il donc se construire une barque ou un ra-
deau? Non, mais il monte sur un glaçon flottant et se laisse en-

traîner à la dérive; souvent, il est vrai, le glaçon, au lieu de se
diriger vers la terre, est poussé par le vent bien loin des régions
polaires, dans la haute mer, où il finit par se fondre, et l'ours,
après avoir longtemps nagé, devient la proie des poissons.

L'ours blanc n'est nullement effrayé par la vue de l'homme; il
est vrai qu'il n'en voit pas souvent, car les seuls habitants de ces
immenses pays sont quelques centaines de sauvages Esquimaux
qui vivent pendant la moitié de l'année dans des trous qu'ils se
creusent sous la terre pour échapper au froid.

Mais dès que de pauvres marins naufragés, ou bien de hardis
savants, s'établissent pour l'hiver dans ces pays, ils sont sûrs de
voir arriver nombre d'ours, qui viennent les assaillir audacieuse-
ment et contre lesquels ils ne se défendent qu'avec peine.

Lorsque l'ours attaque un homme, il se dresse tout debout sur
ses pattes de derrière et, entourant le malheureux de ses énormes
bras, il le déchire avec ses dents affilées.

Les pêcheurs de baleine se font un plaisir de poursuivre cet
animal et de le tuer à coups de fusil autant pour sa magnifique
fourrure que pour sa chair, qui est, dit-on, un très-bon manger.

L'ORANG-OUTANG

L'orang-outang est un des plus grands singes que l'on connaisse. Il habite les grandes îles Bornéo et Java, situées dans la mer des Indes.

Son nom veut dire dans la langue de ces pays *homme des bois;* et en effet cette étrange bête offre quelque ressemblance avec l'homme; comme lui, elle se tient debout sur ses jambes de derrière et elle a des bras et des mains; seulement elle n'a pas de pieds, et ses jambes se terminent comme ses bras par des mains, de sorte qu'elle a quatre mains dont elle peut se servir indistinctement, ce qui a valu à son espèce le nom de *quadrumane.*

Son corps tout entier, à l'exception de la face et de la paume des mains, est couvert d'une fourrure d'un brun roux. La face est noire, percée de deux yeux ronds, avec deux trous au lieu de nez, et une large bouche armée de dents pointues.

L'orang-outang est un animal inoffensif; il vit dans les arbres, sur lesquels il grimpe merveilleusement grâce à ses quatre mains, et il ne se nourrit que de fruits.

Cependant, lorsqu'on l'attaque, il devient terrible et enlace ses adversaires avec ses longs bras pour les étouffer.

Lorsqu'on le prend tout jeune, on peut l'apprivoiser facilement

et il manifeste alors une vive intelligence. C'est ainsi qu'on peut l'habituer à porter des vêtements et même à servir à table; malheureusement la captivité ne lui convient pas et il meurt bientôt.

Le grand naturaliste Cuvier raconte un trait curieux d'un orang-outang que possédait l'impératrice Joséphine, et qui montre la sagacité de ces grands singes.

Une fois, raconte-t-il, on avait enfermé le jeune orang-outang dans une pièce voisine du salon où l'on se réunissait habituellement. Au bout de quelque temps, la solitude l'impatienta, et il s'ingénia à ouvrir la porte pour entrer dans le salon. Mais le pêne était trop haut pour qu'il pût l'atteindre. Il avisa alors une chaise, l'apporta près de la porte, grimpa dessus, et, ayant tiré le pêne, il entra triomphalement dans la chambre où tout le monde était réuni.

LE BISON OU BUFFLE D'AMÉRIQUE

Le bison, auquel on donne à tort le nom de buffle ou buffalo, est le bœuf sauvage de l'Amérique. Il se distingue de notre bœuf domestique par l'épaisse crinière laineuse qui entoure sa tête, et par la bosse charnue qui couvre ses épaules.

Il habite les immenses plaines du nord de l'Amérique, auxquelles on donne le nom de *prairies*. Là il vit en troupeaux tellement considérables, qu'ils couvrent quelquefois ces vastes solitudes comme une mer vivante.

Lorsque ces troupeaux se mettent en marche pour changer de pâturage, ils dévastent et renversent tout sur leur passage. On a vu des trains de chemin de fer obligés de s'arrêter devant ces cohortes formidables.

Le bison n'est pas féroce; il n'attaque jamais l'homme, mais lorsqu'il est blessé il devient un adversaire terrible et acharné.

Cet animal est la providence des sauvages Peaux-Rouges, qui habitent les mêmes régions que lui. Sa chair, qui est un excellent manger, est leur seule nourriture, et sa peau leur sert à faire leurs vêtements et à construire leurs frêles habitations.

Lorsque les Peaux-Rouges ont abattu un certain nombre de bisons, ils les dépouillent de leur peau et découpent la chair en lanières qu'ils font sécher au soleil. Cette chair séchée se conserve très-longtemps et forme un aliment précieux pour ces peuples nomades, errant d'un bout de l'année à l'autre à travers des plaines dépourvues de toute espèce d'arbres ou de plantes comestibles.

PARIS. — IMPRIMERIE DE E. MARTINET, RUE MIGNON, 2.

LIBRAIRIE HACHETTE ET CIE

BOULEVARD SAINT GERMAIN, N°. 79 PARIS.

MAGASIN DES PETITS ENFANTS

Nouvelle collection de contes avec un texte imprimé en gros caractères et de nombreuses illustrations en chromolithographie.

PREMIÈRE SÉRIE.

Format Petit in-4°, a 2 fr.

LES TROIS OURS
LE PETIT CHAPERON ROUGE
LE CHIEN DU MONT SAINT-BERNARD
LE CHAT BOTTÉ
LES ANIMAUX DE LA FERME
HISTOIRE D'UNE POUPÉE
FRIQUET L'ÉCUREUIL
LES AVENTURES D'UNE CHATTE BLANCHE
JACQUES ET SES TROIS VOYAGES MERVEILLEUX
LES FÉES
HISTOIRE DE TOM POUCE
LA BELLE AUX CHEVEUX D'OR
LES BONS PARENTS
LES VACANCES DE GUILLAUME
LA BELLE ET LA BÊTE

LE PRINCE GRENOUILLE
LES ENFANTS DANS LA FORÊT
LES HEURES DE RÉCRÉATION
LA CHATTE BLANCHE
LE JOUR DE MA FÊTE
UNE VISITE À LA FERME
UN DINER DANS LE MONDE DES CHIENS
LE JARDIN DES PLANTES (4 Séries)
LA PETITE MÉNAGERIE
LA BELLE AU BOIS DORMANT
MONSIEUR BÉBÉ
L'OURS MARTIN
L'AGNEAU DE MARGUERITE
L'AMI TOC
JEAN ET JEANNETTE

DEUXIEME SÉRIE.

Format in-8°, a 1 fr.

JACQUES LE BAVARD
FIDÈLE LE BON CHIEN
LE PRINCE AU LONG NEZ
UN THÉ DANS LE MONDE DES CHATS
LA BELLE ET LA BETE
LA BELLE AUX BOIS DORMANT
LE THÉÂTRE DE GUIGNOL
LE BAL COSTUMÉ
UNE FÊTE D'ENFANTS
JACQUES LE TUEUR DE GÉANTS
CENDRILLON
L'OISEAU BLEU
JEANNE LA DÉSOBÉISSANTE

LE PETIT CHAPERON ROUGE
LE PETIT POUCET
ALI-BABA
LA BARBE BLEUE
ALADDIN OU LA LAMPE MERVEILLEUSE
MA MÈRE
LE CHAT BOTTÉ
TOM-POUCE
LA CHATTE BLANCHE
LA BELLE AUX CHEVEUX D'OR
ANIMAUX SAUVAGES
ANIMAUX DOMESTIQUES
LE CHIEN DE DAME GRÉGOIRE

TROISIÈME SÉRIE.

Format Petit in-4°, a 2 fr.—Albums à Découpures.

NOTRE MAISON
LES PREMIERS JEUX

LES FÊTES DE L'ENFANCE
LA TOILETTE DE LA POUPÉE
EN VACANCES

LES METIERS
LE CHEVAL

QUATRIÈME SÉRIE.

Format Petit in-8°, a 50 c.

CENDRILLON
DAME TROTTE ET SA CHATTE

LE PETIT CHAPERON ROUGE
LA VIELLE FEMME ET SON POR-
CEAU

LA PETITE POUCETTE
LES TROIS PETITS POURCEAUX